愛上微電鍋

100天美味提案

只要輕鬆一按，

搞定零失敗50道料理

攝影‧文／肉桂打噴嚏

目 錄
C o n t e n t s

Part 3
家常料理

Part 4
異國風味

Part 5
傳統小吃

Part 6
經典甜品

全家的幸福都靠你了

**什麼，電子鍋不就煮飯嗎？還能做菜做點心，
好吃到還可以請客？**

其實，自從開始進廚房料理以來，使用電子鍋已經好多年了。小時候媽媽就是使用電子鍋，耳濡目染之下也學著使用電子鍋做菜。想起結婚首次進老公家廚房，看到電鍋不知如何是好，反倒一旁多功能的電子鍋倒是用得很上手，全家人才開始相信原來老婆是個電子鍋高手呀！

少油烹調更健康

電子鍋做菜不僅方便輕鬆，更重要的是符合現今少油烹調的健康概念，同時現代家庭人口越來越簡單，像是租屋族、情侶檔、頂客族或小家庭，於是出現外型美觀、小份量的微電鍋料理神器，清洗烹調都更加簡單，大家忙於工作之餘，還能輕鬆做菜，日子雖忙碌，味蕾更需要享受，就用微電鍋來優雅上菜吧！

5 類食譜好上手

這本食譜包含五個單元：使用蒸煮技巧，保留食物原味營養的「甜蜜飯食」；烹煮基本家常菜肴的「家常料理」，還有偶爾想嘗嘗多樣滋味的「異國風味」；不出門隨時都想來一碗的「傳統小吃」；最後是大人小孩都喜愛的「經典甜品」。

每一道菜色都是肉桂絞盡腦汁製作的，菜色不僅融合了中、西、日式風格，還希望讓大家知道微電鍋的多功能與用途，早就超越了只能拿來煮白飯的境界！

真心拜託，小粉微電鍋！今天開始，全家的幸福就交給你了。

肉桂打噴嚏

Part

01

「人生就像料理，日常生活的味道、香氣是
一種羈絆。」
——《小鎮食堂》

微電鍋
幸福食堂

{ 5 分鐘，
微電鍋快速上手 }

關於「做料理」這件事情，大家都是抱著什麼樣的心情呢？
因為自己很喜歡享受美食，再加上著迷日劇裡對「吃」的氛圍營造，因此開始學著用
自己雙手做出的甜點料理，然後凝視品嚐微笑時刻，就是記錄食譜最大樂趣！「人生
就像料理，日常生活的味道、香氣是一種羈絆。」這是日本作家山口惠以子在《小鎮
食堂》裡的一句話，卻很貼切。
也一直很認同電影《海鷗食堂》：「認真工作，好好吃飯。」即便在忙到快要翻過去了，
煩躁的時候特別想做道好吃的料理，都會從書櫃挑出一本食譜，就像抽摩托車鑰匙一
樣隨機：「嗯～日翻中食譜，我喜歡，就是你了！」

微電鍋，遠離「老外」生活

但是老實講生活中實在太過瑣碎的忙碌，令人往往會想放棄自己動手做而尋求外食，
但也如同日本料理名家野崎洋光在她的書中，寫的：「濃妝料理令人生膩，使用太多
的調味料，蓋掉食材本身味道，無法享受原汁原味。」

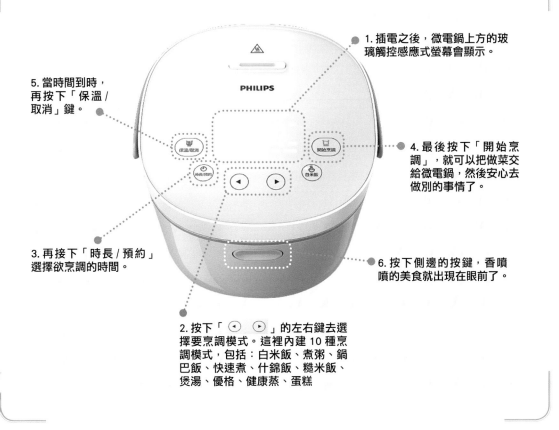

1. 插電之後，微電鍋上方的玻璃觸控感應式螢幕會顯示。

5. 當時間到時，再按下「保溫 / 取消」鍵。

4. 最後按下「開始烹調」，就可以把做菜交給微電鍋，然後安心去做別的事情了。

3. 再接下「時長 / 預約」選擇欲烹調的時間。

6. 按下側邊的按鍵，香噴噴的美食就出現在眼前了。

2. 按下「◀ ▶」的左右鍵去選擇要烹調模式。這裡內建 10 種烹調模式，包括：白米飯、煮粥、鍋巴飯、快速煮、什錦飯、糙米飯、煲湯、優格、健康蒸、蛋糕

尤其現代人的生活，除了忙，就是狹——居住空間狹、社交生活狹，連買個菜也要想個半天——一個人會不會太多？兩人吃又會不會花樣太少？……因此要怎麼突破這些問題，「微電鍋」可以說幫了大大的忙。

先就體積而言，比電鍋還要小三分之一，放在家裡一點也不佔空間，而且還貼心設計防燙握把，輕鬆手提帶著走，再透過簡單的操作——備料、調味、蓋上鍋蓋，按下玻璃觸控感應式螢幕及多樣化烹調模式，無論是自然醒的週末早午餐，或嘴饞的午後甜點，隨時滿足自己跟親愛的食物戀，建構專屬瑰蜜粉閨密，讓人不由得大叫：「我的食刻，微所欲為！」

輕鬆 6 步驟，操作微電鍋超 Easy ！

以下的微電鍋食譜操作，是以「飛利浦 Philips」迷你微電鍋 HD3070 做為示範，希望透過簡單的食材及步驟，無論是白米飯、煮粥、鍋巴飯、快速煮、什錦飯、糙米飯、煲湯、優格、健康蒸、蛋糕等等，都能快速上桌，享受自己親手做的健康美食！

使用微電鍋的 3 個貼心小叮嚀

使用微電鍋有個很棒的地方，就是無論是煮飯或煮湯時，在煮好前十分鐘時，家裡都是香氣。不過，想要更輕鬆使用微電鍋，有 3 個地方貼心叮嚀及補充說明。

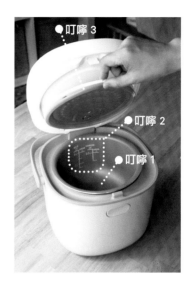

叮嚀 1 ／在我們這次食譜中大部分使用「再加熱」這個步驟，除了直接炒外，也可以暫時蓋上蓋子讓熱源集中，加熱更快速。

叮嚀 2 ／在使用內鍋時，雖然最大能有 2 公升容量，但要注意一下鍋子內的容量標示，左邊是煮米（RICE）的水位刻度、右邊是煮粥（CONGEE）的水位刻度，使用時一定要注意水量不能超過標示「WATER」的那條線，否則會導致食物溢出。

叮嚀 3 ／可拆式內蓋，可拆卸直接清洗，清潔無死角。

採購微電鍋的注意事項

市面上的微電鍋分為國產或進口產品，名稱也琳琅滿目，「迷你 IH 電子鍋」、「微電鍋」、「迷你電子鍋」等等指的都是同一類產品。由於微電鍋具備體積小巧且外型漂亮等優勢，再加上容量小，最多 2 公升的容量（大約 4 人份的飯量或菜量），因此很適合單身或家庭人口數不多的使用者，不過在採購時仍有幾點要注意：

注意 1 ／功率及電壓：台灣居家插座多以 110V 為主，但有些進口家電會配 220V 的插座頭，因此在採購時最好問清楚。另外功率方面最好也看一下，一來怕跳電，二來也能省電，以飛利浦 HD3070 微電鍋才 330W 的功率，十分省電。

注意 2 ／配件：在採購微電鍋時，最好先問清楚隨機附有哪些配件，例如是否有內鍋？是否含飯湯勺、量杯等等，同時最好也詢問一下是否能更換的問題，尤其是內鍋，才能確保後續使用有保障，並延長使用壽命。

注意 3 ／方便清潔：很多人對於電子產品會有點不放心，在於其清洗不方便。因此採購時最好還是先了解其結構，方不方便清潔，畢竟是處理食材的器具，保持清潔最重要。以飛利浦微電鍋系列，不只內鍋可以清洗外，可拆式內蓋設計能隨時保持微電鍋清潔。

微電鍋的共用食材主張

由於微電鍋的容量並不多，因此在採購食材時，可以一次買足主要材料，然後在一週內用相同的食材變化菜色，讓餐桌上的料理更為豐富，也不容易發生做太多，剩菜吃好幾頓或吃不完的情況。

例如：可以買一顆高麗菜，在週一做日式高麗菜肉卷，週二吃炒高麗菜，週三吃香菇高麗菜飯。又如買一斤絞肉，可以第一天做泰式打拋豬肉、第二天吃義大利肉醬麵、第三天做高麗菜肉卷、第四天做日式乾咖哩……以此類推。以下，就本書的 50 道料理，整理可以共用食材的菜單，提供參考。且食譜所列 1 杯＝ 160 ml。

共用食材菜單

類別	主要食材	菜名
肉類	無骨雞腿肉	油雞飯、親子雜炊、西班牙花生醬燉雞
	帶骨雞腿肉	紅燒三杯雞、香菇雞湯、法式鄉村燉菜
	雞翅	麻油雞飯、韓國辣雞翅
	五花肉	台式燉肉燥、日式叉燒肉、黑糖五花焢肉、台式米粉湯、蒜泥白肉
	豬梅花肉	馬鈴薯燉肉、番茄糖醋肉
	豬肉片 牛肉片	韓式泡菜豆腐鍋、日式壽喜燒、台式炒麵、法式紅酒燉牛肉、泡菜牛肉炒飯
	豬絞肉	日式高麗菜肉卷、家常麻婆豆腐、泰式打拋豬肉、義大利肉醬麵、日式乾咖哩、清蒸臭豆腐、蘿蔔糕、古早味油飯
	蝦子	番茄蝦仁炒蛋、蝦仁蛋炒飯
蔬菜類	紅蘿蔔	香菇高麗菜飯、蛤蜊菇菇炊飯、日式叉燒肉、古早味白菜滷、馬鈴薯燉肉、義大利肉醬麵、日式壽喜燒、法式鄉村燉菜、法式紅酒燉牛肉、日式乾咖哩、台式炒麵、香菇肉羹
	番茄	番茄蝦仁炒蛋、番茄糖醋肉、西班牙花生醬燉雞、法式鄉村燉菜、法式紅酒燉牛肉、義大利肉醬麵、泰式打拋豬肉
	洋蔥	奶香鮭魚燉飯、泡菜牛肉炒飯、日式叉燒肉、番茄糖醋肉、日式高麗菜肉卷、馬鈴薯燉肉、泰式涼拌海鮮、義大利肉醬麵、日式壽喜燒、西班牙花生醬燉雞、法式鄉村燉菜、法式紅酒燉牛肉、日式乾咖哩
	高麗菜	香菇高麗菜飯、日式高麗菜肉卷、台式炒麵
	白菜	古早味白菜滷、韓式泡菜豆腐鍋、日式壽喜燒
	白蘿蔔	蘿蔔糕、甜不辣
加工類	泡菜	泡菜牛肉炒飯、韓式泡菜豆腐鍋
	板豆腐	日式壽喜燒、家常麻婆豆腐

想看更多關於微電鍋料理及操作

· **微電鍋食譜**：http://www.experience.philips.com.tw/recipes/，在「產品別」用下拉選單，選擇「微電鍋」，就會看到很多用微電鍋做菜的食譜哦！

· **肉桂打噴嚏 Homemade Kitchen**：https://www.facebook.com/u5u5u5u/

微電鍋料理快速索引

類別	菜名	烹調模式	時間
Part 2 **甜蜜飯食**	油雞飯	再加熱 + 什錦飯	60 分鐘
	古早味油飯	再加熱 + 什錦飯	60 分鐘
	香腸沙茶拌飯	再加熱 + 什錦飯	60 分鐘
	奶香鮭魚燉飯	再加熱 + 什錦飯	60 分鐘
	泡菜牛肉炒飯	再加熱 + 白米飯	60 分鐘
	香菇高麗菜飯	再加熱 + 什錦飯	60 分鐘
	麻油雞飯	再加熱 + 什錦飯	60 分鐘
	蛤蜊菇菇炊飯	再加熱 + 什錦飯	60 分鐘
	蝦仁蛋炒飯	再加熱 + 什錦飯	60 分鐘
	親子雜炊	再加熱 + 煮粥	120 分鐘
Part 3 **家常料理**	紅燒三杯雞	再加熱 + 白米飯	60 分鐘
	台式燉肉燥	再加熱 + 煲湯	120 分鐘
	日式叉燒肉	再加熱 + 煲湯	120 分鐘
	黑糖五花焢肉	再加熱 + 煲湯	120 分鐘
	古早味白菜滷	再加熱 + 白米飯	60 分鐘
	番茄糖醋肉	再加熱 + 什錦飯	60 分鐘
	日式高麗菜肉卷	快速煮	30 分鐘
	舒肥嫩雞	保溫	60 分鐘
	佃煮鯖魚	再加熱 + 白米飯	50 分鐘
	香菇雞湯	煲湯	120 分鐘
	家常麻婆豆腐	再加熱 + 健康蒸	30 分鐘
	馬鈴薯燉肉	什錦飯	50 分鐘
	番茄蝦仁炒蛋	再加熱	25 分鐘
	溏心蛋	健康蒸	10 分鐘
	蒜泥白肉	糙米飯	70 分鐘
	奶油鮮菇燒	再加熱	20 分鐘

類別	菜名	烹調模式	時間
	泰式涼拌海鮮	快速煮	20 分鐘
	韓式泡菜豆腐鍋	再加熱 + 什錦飯	50 分鐘
	泰式打拋豬肉	再加熱 + 快速煮	25 分鐘
	義大利肉醬麵	什錦飯	45 分鐘
	日式壽喜燒	再加熱 + 快速煮	30 分鐘
Part 4 異國風味	西班牙花生醬燉雞	再加熱 + 鍋巴飯 + 時長	30 分鐘
	法式鄉村燉菜	再加熱 + 什錦飯	60 分鐘
	法式紅酒燉牛肉	再加熱 + 鍋巴飯	80 分鐘
	肉骨茶	什錦飯	50 分鐘
	日式乾咖哩	再加熱 + 快速煮	25 分鐘
	韓國辣雞翅	再加熱 + 什錦飯	45 分鐘
	台式炒麵	再加熱 + 快速煮	25 分鐘
	台式米粉湯	什錦飯 + 健康蒸	70 分鐘
	香菇肉羹	再加熱 + 健康蒸	30 分鐘
	清蒸臭豆腐	再加熱 + 健康蒸	40 分鐘
Part 5 傳統小吃	甜不辣	什錦飯	45 分鐘
	蚵仔煎	再加熱	25 分鐘
	蘿蔔糕	糙米飯	90 分鐘
	法式吐司	再加熱	20 分鐘
	懶人紅豆湯	煲湯	120 分鐘
	原味自製優格	優格	6 小時
Part 6 經典甜品	金黃果醬	再加熱 + 時長	40 分鐘
	黑糖糕	健康蒸 + 時長	40 分鐘
	蜜芋頭	煮粥	120 分鐘
	雞蛋牛奶布丁	健康蒸 + 時長	40 分鐘

Part

02

無論多悲傷，都要好好吃飯。
_____日劇《昨日的咖哩，明日的麵包》

甜蜜飯食

油雞飯是茶餐廳的經典料理，事先用油炒米，再以煮雞湯汁炊煮，讓米飯帶著油光，光吃白飯就相當有滋味。而雞肉滑嫩，蘸些特製的蔥蒜醬品嘗更是夠味。

 功能：再加熱 + 什錦飯　　 時間：60 分鐘　　 份量：2 人份

Recipe
01

肉滑米香好夠味
油雞飯

食材
Ingredients

材料
- 泰國米 1 杯
- 水 1 杯
- 鹽 1/2 小匙
- 無骨雞腿排 1 片
- 無鹽奶油 1 大匙
- 沙拉油 1 小匙

醃料
- 米酒 1 小匙
- 鹽 1/4 小匙
- 胡椒粉少許

蔥蒜醬
- 蔥末 3 大匙
- 蒜末 1 大匙
- 薑泥 1 小匙
- 沙拉油 2 大匙
  (可用花生油取代)
- 鹽 1/4 小匙

步驟
Method

1. 將雞腿排肉面橫切幾刀不切斷,加醃料醃漬 20 分鐘。
2. 微電鍋按下「再加熱」,內鍋變熱後放入沙拉油與奶油,將雞腿皮面朝下入鍋。
3. 雞皮煎至金黃微焦上色,翻面煎至半熟,取出雞肉,湯汁留著。
4. 泰國米洗淨放入內鍋,加水、鹽拌勻,雞腿肉皮面朝上擺中間,按下「什錦飯」開始煮飯。
5. 蔥、薑、蒜末與鹽放碗裡,倒入另加熱的沙拉油,拌勻即是蔥蒜醬。
6. 取出雞腿肉,切成適口大小,淋蔥蒜醬,搭配米飯品嘗。

Tips

若使用帶骨雞肉,建議先以滾水燙過去除血水,再照食譜步驟做,雞肉較無腥味,湯汁也會比較清澈。

吃一口軟糯的油飯，咀嚼後，那魷魚的嚼勁、香菇的香氣與油蔥氣味，都充滿了古早味，是讓每個台灣囡仔都回味不已的媽媽味。

 功能：再加熱 + 什錦飯　　 時間：60 分鐘　　 份量：2 人份

Recipe
02

台灣囝仔的最愛
古早味油飯

食材
Ingredients

步驟
Method

材料

| 糯米 1 杯
| 泡香菇水 1 杯
| 豬肉 100g
| 豬油 1 大匙
| 紅蔥頭 3 顆
| 蝦米 1 大匙
| 乾香菇 5 ～ 6 朵
| 乾魷魚 1 小片

調味料

| 醬油 1.5 大匙
| 醬油膏 1 大匙
| 胡椒粉 1/4 小匙

1　糯米洗淨加香菇水浸泡 30 分鐘。紅蔥頭去皮切細末,香菇、豬肉、魷魚切絲。

2　微電鍋按下「再加熱」,內鍋變熱後倒入豬油,下紅蔥頭炒至金黃色,再放香菇、魷魚炒香,加肉絲炒熟。

3　加入調味料炒至食材上色入味。

4　放入〔步驟 1〕的糯米與香菇水,按下「什錦飯」開始煮飯。

5　完成後,以飯匙稍加攪拌即可。

Tips

乾香菇、魷魚加 2 杯水浸泡變軟,浸泡的水就是香菇水,千萬別浪費,可留用取代高湯。

孩子們愛吃香腸,搭配白米以微電鍋炊飯,只要加
點巧思,先爆香蔥蒜末,再以沙茶調味,炊出來的
米飯氣味香噴噴,保證孩子開心吃到碗底朝天。

 功能:再加熱 + 什錦飯　　 時間:60 分鐘　　 份量:2 人份

Recipe
03

味濃噴香必秒殺
香腸沙茶拌飯

食材
Ingredients

材料
| 白米 1 杯
| 水 1 杯
| 香腸 2 條
| 蔥末 3 大匙
| 蒜末 1 大匙

調味料
| 沙茶醬 1 大匙
| 鹽 1/2 小匙
| 沙拉油 1 大匙

步驟
Method

1　微電鍋按下「再加熱」，內鍋變熱後放入沙拉油，加蔥末、蒜末稍微拌炒後取出。
2　內鍋放沙茶醬與鹽炒香，倒入洗淨的白米與水，將香腸放在中央。
3　按下「什錦飯」開始煮飯，完畢後取出香腸切薄片。
4　把香腸片與〔步驟 1〕的蔥蒜末倒回鍋裡，攪拌均勻即可。

Tips

香腸也可改用臘腸和潤腸取代。一杯米可搭配 2 條，吃起來的味道會比較濃郁。

營養豐富的鮭魚很適合搭配起司和牛奶烹調，魚脂結合奶香，滋味讓人垂涎三尺。炊飯時，不妨以牛奶代替水，就能讓米飯充滿奶香，再加上香甜的南瓜，每一口都滿足。

 功能：再加熱 + 什錦飯　　 時間：60 分鐘　　 份量：2 人份

Recipe

04

色澤金黃滋味豐

奶香鮭魚燉飯

食材

Ingredients

步驟

Method

材料

白米 1 杯

牛奶 1 杯

南瓜 40g

蘑菇 4 朵

洋蔥 1/4 顆

鮭魚 2 片

奶油 2 大匙

起司粉 1 大匙

醃料

鹽 1/4 大匙

酒 1 大匙

胡椒粉少許

迷迭香 1 支

橄欖油 1 大匙

調味

鹽 1/2 小匙

黑胡椒粉少許

1 鮭魚加醃料醃漬 30 分鐘。南瓜、蘑菇切片，洋蔥切細末。

2 微電鍋按下「再加熱」，內鍋變熱後放入奶油，放鮭魚煎至兩面金黃色取出。

3 放入洋蔥末炒到變軟，再放蘑菇、南瓜和調味料炒勻。

4 倒入白米與牛奶，放鮭魚，按下「什錦飯」開始煮飯。

5 完成後先輕輕取出鮭魚，撒起司粉，將南瓜拌勻，讓燉飯變成黃色即可。

Tips

如果沒有鮭魚，也可選擇鱈魚、鱸魚等魚類替代。

使用微電鍋也能做出香噴噴的炒飯！不必擔心米飯結塊炒不開，也不必擔心油脂過多，只要先炒香配料，再放入白飯烹煮，輕輕鬆鬆就能完成可口的炒飯。

功能：再加熱 + 白米飯　　時間：60 分鐘　　份量：2 人份

Recipe
05

微酸微辣好滿足

泡菜牛肉炒飯

食材
Ingredients

材料

白米 1 杯
泡菜水 3/4 杯
牛肉 150g
泡菜 70g
青蒜 1 支
蒜頭 2 瓣
洋蔥 1/4 顆
沙拉油 1 大匙

醃料

醬油 1 大匙
米酒 1 小匙
砂糖 1/2 小匙
胡椒粉少許

調味料

鹽 1/2 小匙
黑胡椒粉 1/4 小匙

步驟
Method

1　牛肉切片或絲,加醃料醃漬 20 分鐘。洋蔥切粗絲,青蒜切小段,蒜綠和蒜白分開,蒜頭切蒜末。

2　微電鍋按下「再加熱」,內鍋變熱後加沙拉油、蒜末炒香,先放蒜綠稍微拌炒後取出,再放牛肉炒熟後取出。

3　放入洋蔥絲、蒜白炒軟,加調味料與泡菜拌勻。

4　倒入白米與泡菜水,按下「白米飯」開始煮飯。

5　完成後倒回〔步驟 2〕的牛肉片與蒜綠,趁熱拌勻即可。

Tips

將泡菜湯汁加上等量的開水拌勻即為泡菜水,可讓炒飯的泡菜味更濃郁。

滋味清甜的高麗菜，是平價又美味的好食材。不
僅清炒可口，若搭配米飯炊煮，只要以高湯和火
腿等提味，就能讓米飯溢滿甘美的蔬菜甜味，不
管大人或小孩，絕對都會愛上這種味道。

功能：再加熱 + 什錦飯　　時間：60 分鐘　　份量：2 人份

Recipe
06

清甜飄香全家愛
香菇高麗菜飯

食材
Ingredients

材料
　白米 1 杯
　罐頭高湯 1 杯
　火腿 2 片
　高麗菜 110g
　鮮香菇 4 朵
　薑末 1 小匙
　紅蘿蔔 1 小塊
　沙拉油 1 大匙

調味料
　鹽 1/2 小匙
　胡椒粉 1/4 小匙

步驟
Method

1　高麗菜洗淨剝成小塊，香菇、火腿切適當大小，紅蘿蔔切絲備用。

2　微電鍋按下「再加熱」，內鍋變熱後倒入沙拉油，放薑末炒出香氣。

3　加入火腿、紅蘿蔔絲、香菇與高麗菜拌炒約 3 分鐘。

4　倒進白米與高湯、調味料翻攪一下，按下「什錦飯」開始煮飯，完成後取出即可。

Tips

若無罐頭高湯，可改使用鰹魚粉或高湯塊加水稀釋。

冷冷的天氣裡，吃碗熱呼呼的麻油雞飯，頓時就能
讓全身溫暖起來。利用微電鍋，簡單幾個步驟就能
完成這款古早味的飯食，記得充分以麻油爆香薑
片，氣味會更加噴香喔。

 功能：再加熱 + 什錦飯　　 時間：60 分鐘　　 份量：2 人份

Recipe
07

熱燙暖身也暖心
麻油雞飯

食材
Ingredients

材料
長糯米 1 杯
水 1 杯
雞翅 5 支
薑 3 片
黑麻油 2 大匙
米酒 1 大匙
醬油 2 大匙

醃料
米酒 1 小匙
鹽 1/2 小匙
胡椒粉少許

步驟
Method

1　雞翅加入醃料醃漬 20 分鐘。
2　微電鍋按下「再加熱」，內鍋放入黑麻油加熱。
3　放入薑片煎至邊緣微焦。
4　放入醃漬後的雞翅，煎至表面微焦上色後，先取出。
5　倒入糯米、水、米酒和醬油，鋪上雞翅，按下「什錦飯」開始煮飯，完成即可品嘗。

Tips

糯米洗淨後，加水先浸泡 30 分鐘，煮好的糯米飯會更加有彈性。

蛤蜊鮮味永遠是最棒的調味！記得先將蛤蜊
泡鹽水吐沙，煮到蛤蜊殼打開就取出，再以
微電鍋將菇類炒香，烹煮完成後，拌入蛤蜊，
就是香噴噴的炊飯了。

 功能：再加熱 + 什錦飯　　 時間：60 分鐘　　 份量：2 人份

Recipe
08

一鍵搞定超簡單
蛤蜊菇菇炊飯

食材
Ingredients

材料
白米 1 杯
水 1 杯
蛤蜊 10 ～ 12 顆
鴻禧菇 2/3 朵
薑絲 1 大匙
青蒜 1 支
紅蘿蔔絲 1 大匙
麻油 1 小匙

調味料
鹽 1/2 小匙
酒 1 大匙
胡椒粉 1/4 小匙

步驟
Method

1　蛤蜊加鹽泡水一夜，讓蛤蜊吐沙。青蒜切成斜片備用。

2　使用湯鍋加份量外 2 杯水與薑絲，煮滾後放入蛤蜊，蛤蜊殼打開後即撈出備用。

3　微電鍋按下「再加熱」，內鍋變熱後放麻油和青蒜片、紅蘿蔔絲與鴻喜菇炒香。

4　倒入白米、水與調味料拌均勻，按下「什錦飯」開始煮飯，完成後拌入蛤蜊即可。

Tips

可使用蛤蜊湯取代炊飯時的水分，味道會更鮮。

微電鍋真是太方便了,居然也能做蛋炒飯!當米飯煮好後,立刻倒入打勻的蛋汁,迅速攪拌後,蓋上鍋蓋燜 5 分鐘,就能做出炒蛋般的效果,而且還少了大量油分,吃來更健康。

 功能:再加熱 + 什錦飯   時間:60 分鐘   份量:2 人份

Recipe
09

方便快速不油膩
蝦仁蛋炒飯

食材
Ingredients

步驟
Method

材料
白米 1 杯
水 3/4 杯
新鮮蝦子 8 ～ 10 隻
青蔥 1 支
鮮香菇 4 朵
蛋 1 顆
沙拉油 1 大匙

醃料
鹽 1/ 小匙
米酒 1 小匙
胡椒粉少許

調味料
鹽 1/2 小匙
胡椒粉 1/4 小匙

1 蝦子剝殼去腸泥,加醃料醃漬 20 分鐘。香菇切小塊、青蔥切成蔥花。

2 微電鍋按下「再加熱」,內鍋變熱後加沙拉油、蝦子,稍微炒到變色後撈起。

3 加入蔥花、香菇和調味料炒出香氣,倒入白米與水,按下「白米飯」開始煮飯。

4 完成後倒入打散的蛋汁,趁熱以飯匙快速攪拌均勻。

5 放入〔步驟 2〕的蝦子,蓋上鍋蓋保溫 5 分鐘,打開即可品嘗。

吃火鍋時，最後總喜歡倒入一碗白飯煮成雜炊，匯聚多種食材鮮味，吃來格外滿足。嘴饞時，把雞肉與雞蛋放入微電鍋，就能輕鬆煮出味道豐富的親子雜炊，保證讓你一碗接一碗。

 功能：再加熱 + 煮粥　　 時間：120 分鐘　　 份量：4 人份

Recipe
10 / 溫暖味豐輕鬆煮

親子雜炊

食材
Ingredients

材料
白米 1 杯
水 6 杯
無骨雞腿肉 1 片
蛋 1 顆
薑片 3 片
麻油 1 小匙
鹽 1/2 小匙

醃料
鹽 1/4 小匙
胡椒粉少許
米酒 1 大匙

步驟
Method

1　雞腿肉切小塊，加入醃料醃漬 20 分鐘。

2　微電鍋按下「再加熱」，內鍋變熱後放麻油、薑片炒香。

3　加入醃漬過的雞腿肉，翻炒到顏色變白、約 8 分熟取出。

4　倒入白米、水和鹽，按下「煮粥」開始煮粥，完成前 20 分鐘再放入〔步驟 3〕雞腿肉繼續烹煮。

5　結束後將打勻的蛋汁平均倒在粥的表面，蓋上鍋蓋保溫 5 分鐘，開蓋灑胡椒粉即可。

Part

03

吃了好吃的東西，就會有精神了。
_____日劇《南極料理人》

家常料理

三杯風味的料理絕對是經典不敗的菜色，油亮的
雞肉吸附濃濃的九層塔香氣，撲鼻而來，不管是
帶便當或當下酒菜都很對味。

 功能：再加熱 + 白米飯　　 時間：60 分鐘　　 份量：2 人份

Recipe
01

經典不敗下飯菜
紅燒三杯雞

食材
Ingredients

材料

| 帶骨雞腿 1 大隻
| 黑麻油 1 大匙
| 薑 5 片
| 蒜頭 4 瓣
| 辣椒片 1/2 支
| 九層塔適量

調味料

| 醬油 2 大匙
| 冰糖 1 大匙

步驟
Method

1. 微電鍋按下「再加熱」，內鍋變熱後，倒入黑麻油、薑、辣椒片、拍過的蒜頭炒香。
2. 放入切塊的雞腿，翻炒至顏色變白。
3. 加入醬油和冰糖攪拌均勻，按下「白米飯」開始烹煮。
4. 完成後，打開上蓋放入九層塔拌勻，保溫 5 分鐘即可。

Tips

烹煮時可翻動雞腿塊，煮出的顏色會較均勻漂亮。

說起台灣味，肉燥絕對是最具代表性的料理之一，
只要白飯澆上一勺，就能讓人連吃三碗飯，搭配
燙青菜、白麵條也很對味。肉燥就是只要淋上一
匙，就能讓食物變好吃的魔法料理。

 功能：再加熱 + 煲湯　　 時間：120 分鐘　　 份量：4 ～ 6 人份

02

最親切的家鄉味

台式燉肉燥

材料
Ingredients

材料
| 帶皮五花肉 550g
| 紅蔥頭細末 3 大匙
| 沙拉油 1 小匙

調味料
| 醬油 3 大匙
| 醬油膏 1 大匙
| 米酒 2 大匙
| 砂糖 1 大匙
| 胡椒粉 1/2 小匙

步驟
Method

1　帶皮五花肉以刀切成細條。

2　微電鍋按下「再加熱」，內鍋變熱後放沙拉油、紅蔥頭炒至微焦。

3　放入五花肉繼續炒至半熟。

4　加入醬油、醬油膏、米酒、砂糖攪拌均勻，按下「煲湯」開始烹煮。

5　完成後打開上蓋撒胡椒粉，淋在白飯上即可。

Tips

五花肉手切成絞肉，因肥瘦相間，燉煮出的肉燥會更好吃，亦可使用一般絞肉。

吃日式拉麵若沒有叉燒肉，總感覺少了些什麼。
其實在家也能使用微電鍋做出美味的叉燒肉，重
點是想要切厚切薄，都可隨自己喜歡，能吃得更
加盡興。

Recipe

03

切厚片薄都盡興

日式叉燒肉

食材
Ingredients

材料

去皮豬五花肉 1 塊（約 500g）
洋蔥 100g
紅蘿蔔 1 小塊
沙拉油 1 小匙
棉線適量

調味料

醬油 4 大匙
鹽 1 小匙
黑糖 1 大匙
胡椒粉 1/2 小匙
水 3 杯

步驟
Method

1　五花肉去皮面朝外，肉面向內摺起來，以棉線綁住固定。

2　微電鍋按下「再加熱」，放沙拉油、五花肉，煎一下取出備用。

3　放入切小塊的洋蔥和紅蘿蔔拌炒，倒入調味料，將五花肉放在中間。

4　微電鍋按下「煲湯」開始烹煮，過程中需翻面讓叉燒肉顏色、熟度均勻。

5　取出完全放涼，再剪開棉線，即可依喜好切片品嘗。

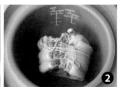

Tips

豬肉以棉線綁起時無需綁太緊，只要固定即可，烹煮後棉線自然會變緊。

焢肉要好吃，千萬別忘了先煎五花肉逼出油脂，若想要賣相好看，可使用黑糖滷肉，不需費心炒糖，利用黑糖本身色澤，滷肉便能輕輕鬆鬆地上色。

 功能：再加熱 + 煲湯　　 時間：120 分鐘　　 份量：3 人份

Recipe
04

鹹香鮮甘不膩口

黑糖五花焢肉

食材
Ingredients

步驟
Method

材料
| 帶皮五花肉 550g
| 蒜頭 3 瓣

調味料
| 醬油 3 大匙
| 米酒 2 大匙
| 黑糖 2 大匙
| 水 1/2 杯
| 胡椒粉 1/2 小匙

1　五花肉洗淨，湯鍋加冷水放五花肉煮沸 5 分鐘，取出切成 6 塊。

2　微電鍋按下「再加熱」，內鍋變熱後加沙拉油、拍過的蒜頭炒至微焦。

3　五花肉片貼著鍋邊放好，煎至兩面變白色。

4　放調味料攪拌均勻，按下「煲湯」開始烹煮。

5　中途將肉片翻面浸泡醬汁，可讓顏色更均勻，完成後取出即可。

Tips

若要省時間，可將肉片切薄一點，即可縮短烹煮時間。

冬季的白菜最美味！燉煮時，白菜會化成自然甘甜的湯汁，以醬油、蝦米和香菇煮出的美妙醬汁，不管是配麵或配飯都好吃。

 功能：再加熱 + 白米飯　 時間：60 分鐘　 份量：2 人份

Recipe
05 / 配飯配麵都可口
古早味白菜滷

食材
Ingredients

材料
- 白菜 350g
- 紅蘿蔔 30g
- 蝦米 1 大匙
- 乾香菇 4 朵
- 炸豬皮 30g
- 扁魚 1 小片
- 薑末 1 大匙
- 沙拉油 2 大匙

調味料
- 醬油 1 小匙
- 糖 1/2 小匙
- 鹽 1/2 小匙
- 胡椒粉少許

步驟
Method

1 乾香菇泡水後瀝乾,與紅蘿蔔、扁魚切成條狀;白菜洗淨剝開、炸豬皮泡水備用。

2 微電鍋按下「再加熱」,內鍋變熱後加沙拉油、扁魚炒至變脆微焦。

3 加入薑末、蝦米、香菇絲、紅蘿蔔絲炒出香氣。

4 加入白菜、炸豬皮與調味料,按下「白米飯」開始烹煮,完成後即可品嘗。

Tips

若想要吃得更豐盛,建議可加油豆腐一起烹調。

酸中帶甜的糖醋料理是全家人都愛的下飯菜，在甜味、酸味、鹹味與香氣的融合之下，肉塊滋味變得更加豐富，而番茄與洋蔥的美味一點也不輸給豬肉。

 功能：再加熱 + 什錦飯　　 時間：60 分鐘　　 份量：4 人份

Recipe

06

滋味酸甜開脾胃

番茄糖醋肉

食材

Ingredients

步驟

Method

材料

梅花豬肉 500g

洋蔥 100g

番茄 1 顆

沙拉油 1 小匙

醃料

鹽 1/2 小匙

胡椒粉 1/4 小匙

米酒 2 大匙

水 1 大匙

調味料

醬油 1 大匙

黑醋 2 大匙

砂糖 1.5 大匙

番茄醬 2 大匙

太白粉 1 大匙

1　梅花豬肉切小塊，加醃料醃漬 20 分鐘。洋蔥和番茄都切塊備用。

2　微電鍋按下「再加熱」，內鍋變熱後加沙拉油、洋蔥塊與番茄塊炒軟。

3　放入梅花豬肉塊翻炒均勻，按下「什錦飯」開始烹煮。

4　將調味料攪拌均勻備用。

5　烹調完成後打開鍋蓋，倒入調味料拌勻，蓋起鍋蓋保溫 10 分鐘即可。

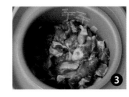

Tips

加太白粉可讓湯汁變得更濃稠。

每回吃關東煮時，一定會挾份高麗菜卷。鮮甜的
高麗菜結合滑嫩的肉餡，入口超級對味。自己做
也很簡單，只要以整片高麗菜葉捲起，便能充分
將肉汁鎖在菜卷裡，冷熱都好吃。

 功能：快速煮　　 時間：30 分鐘　　 份量：2 人份

Recipe
07 / 冷嘗熱食都美味
日式高麗菜肉卷

食材
Ingredients

材料
高麗菜 4 片
豬絞肉 250g
洋蔥丁 100g
熱狗 1 條
水 1 杯

醃料
鹽 1/2 小匙
胡椒粉 1/2 小匙
米酒 2 小匙
雞蛋 1/2 顆

調味料
柴魚粉 1/2 小匙
鹽 1/4 小匙
胡椒粉適量

步驟
Method

1　豬絞肉加醃料混合拌勻，並攪拌到有黏性。
2　將高麗菜根部菜梗挖除，整顆放入滾水燙 3 分鐘取出。
3　切除高麗菜葉硬梗，攤平後鋪上 1/4 肉餡，由高麗菜梗部捲起。
4　先將包好的高麗菜卷整齊排入內鍋後，再鋪上熱狗。
5　倒入水與調味料，微電鍋按下「快速煮」開始烹煮，完成後即可品嘗。

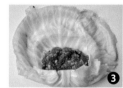
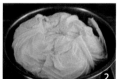

Tips

若不想將整顆高麗菜
燙過，可先將葉片剝
下，若破損也無妨，
包捲後就看不見了。

「sous vide 舒肥」（指真空低溫烹飪法）是近年
來很流行的烹調手法，透過長時間低溫烹調，能
讓肉質更加軟嫩。不需購買高價的舒肥機，利用
微電鍋的保溫功能，就能做出口感細嫩多汁、味
美不乾柴的雞肉。

 功能：保溫　　時間：60 分鐘　　份量：2 人份

Recipe
08
/ 汁多味美不乾柴
舒肥嫩雞

食材
Ingredients

材料
| 雞胸肉 2 片（約 330g）
| 迷迭香 1 支
| 真空袋 1 個

醃漬料
| 橄欖油 1 大匙
| 岩鹽 1/2 小匙
| 酒 1 大匙
| 胡椒粉 1/4 小匙

步驟
Method

1　雞胸肉加醃料和迷迭香混合均勻，靜置 20 分鐘入味。

2　將雞胸肉與醃料放入真空袋，排出空氣封口，冷藏醃漬一夜。

3　將真空袋放入微電鍋，加溫水蓋過。

4　按下「保溫」鍵，等待 1 小時後關閉，取出放涼即可食用。

Tips

若沒有舒肥專用真空袋，也可使用密封袋，只要浸入水裡，水壓可排掉食物周圍的空氣，排空氣體後再密封即可。

花腹鯖、白腹鯖是台灣北部相當重要的漁獲，吃法相當多變，不妨試試日式佃煮風味，煮到入味的台灣鯖魚，滋味鹹鹹甜甜，搭配熱騰騰的白飯，保證一碗又一碗！

 功能：再加熱＋白米飯　　 時間：50 分鐘　　 份量：2 人份

Recipe
09 / 白飯一碗接一碗
佃煮鯖魚

食材
Ingredients

材料
| 無鹽鯖魚（去骨）2 條
| 蒜頭 1 瓣（切片）
| 薑 2 片
| 沙拉油 1 大匙

醃料
| 清酒 1 小匙
| 胡椒粉 1/4 小匙
| 鹽 1/4 小匙

調味料
| 醬油 2 大匙
| 清酒 1 大匙
| 味醂 1 大匙
| 冰糖 1 小匙
| 水 3 大匙

步驟
Method

1 鯖魚切塊，加醃料醃漬 20 分鐘。
2 微電鍋按下「再加熱」，內鍋變熱後加入沙拉油、薑片、蒜片炒香。
3 將鯖魚入鍋，稍微煎香。
4 加入調味料攪拌均勻後，按下「白米飯」開始烹煮。
5 完成後打開上蓋取出鯖魚盛盤，即可搭配白飯品嘗。

Tips

為了讓整隻鯖魚顏色均勻，中途可打開翻面，讓鯖魚均勻沾裹醬汁。

小時候，媽媽常用電鍋燉雞湯給全家人喝，現在
利用微電鍋，也能簡單燉出清甜香醇的好滋味。
記得加點香菇和泡香菇的水一起燉煮，風味會更
香醇。

 功能：煲湯　　 時間：120 分鐘　　 份量：4 人份

Recipe
10 / 清甜香醇風味足
香菇雞湯

食材
Ingredients

步驟
Method

材料
帶骨雞腿肉塊 500g
乾香菇 8 朵
薑 3 片
香菇 7 朵
水 5 杯
調味料
鹽 1 小匙
米酒 1 大匙

1　香菇洗淨泡水，浸泡過的水留用。
2　將湯鍋加水燒開，放入雞肉汆燙去除血水，撈
　　出瀝乾。
3　雞肉、香菇與薑片放入微電鍋內鍋。
4　倒入水與香菇水，共約 5 杯，加調味料，按下
　　「煲湯」開始烹煮，完成後即可品嘗。

Tips

香菇記得先洗乾淨再
泡水，浸泡後的香菇
水可留著燉湯，香味
會更足。

提到下飯的豆腐料理，麻婆豆腐絕對是數一數二
大人氣，匯聚了辣、鮮、香等元素，屬於開胃的
重口味料理。家裡只要煮這道菜，一端上桌，肯
定會多扒好幾碗飯。

Recipe
11 / 重口味下飯好菜

家常麻婆豆腐

食材
Ingredients

步驟
Method

材料

　板豆腐 1 塊
　豬絞肉 150g
　蒜末 1 大匙
　蔥花 1 支
　沙拉油 1 小匙

調味料 A

　醬油 1 大匙
　甜麵醬 1 小匙
　辣豆瓣醬 1 小匙
　米酒 1 小匙
　砂糖 1 小匙

調味料 B

　胡椒粉 1/4 小匙
　太白粉 1 小匙
　（加 2 大匙水拌勻）

1　微電鍋按下「再加熱」，內鍋變熱後放入蒜末、
　　蔥花炒香。
2　加入豬絞肉拌炒，再放入調味料 A 混合均勻。
3　豆腐切成小方塊放進內鍋，微電鍋按下「健康
　　蒸」開始烹煮。
4　調味料 B 放碗裡拌勻，完成前 5 分鐘倒入內鍋
　　拌勻，關蓋煮好即可。

Tips

做麻婆豆腐宜使用板
豆腐，烹煮過程中不
易破碎，烹調後的豆
腐塊較完整美觀。

風味溫暖的馬鈴薯燉肉是日本家常料理代表菜色，顧名思義就是結合肉和馬鈴薯燉煮而成的料理，做法不難，很適合以微電鍋烹調，吃來保證讓人食欲大開。

 功能：什錦飯　 時間：50 分鐘　 份量：3 人份

Recipe
12

家庭必備經典菜
馬鈴薯燉肉

食材
Ingredients

材料
- 豬梅花肉 300g
- 紅蘿蔔 50g
- 馬鈴薯 150g
- 洋蔥 1/2 顆

調味料
- 米酒 1 大匙
- 醬油 4 大匙
- 味醂 3 大匙
- 胡椒粉少許

步驟
Method

1　將紅蘿蔔、洋蔥、馬鈴薯去皮,與梅花肉分別切成小塊。

2　微電鍋按下「再加熱」,內鍋變熱後放入洋蔥炒軟。

3　放入豬肉塊炒至顏色變白。

4　放入紅蘿蔔、馬鈴薯塊拌勻。

5　加調味料,按下「什錦飯」開始烹調,完成後即可食用。

Tips
亦可使用牛肉片取代
豬肉片。

家常的番茄炒蛋也可使用微電鍋烹調！雞蛋搭配番茄，味道酸酸甜甜好下飯，而且使用微電鍋做出的口感，還比炒鍋炒製的更加軟嫩喔！

 功能：再加熱　　 時間：25 分鐘　　 份量：3 人份

Recipe

13

酸香帶甜好下飯

番茄蝦仁炒蛋

食材
Ingredients

材料
| 雞蛋 4 顆
| 番茄 1 顆
| 鮮蝦 6 ～ 7 隻
| 蔥段 1 根
| 沙拉油 1 大匙

醃料
| 鹽 1/4 小匙
| 米酒 1 小匙
| 胡椒粉少許

調味料
| 番茄醬 2 大匙
| 烏醋 1 小匙
| 砂糖 1 小匙
| 水 2 大匙

步驟
Method

1　鮮蝦去殼洗淨，加醃料醃漬 10 分鐘。

2　微電鍋按下「再加熱」，內鍋變熱後放油和蔥段、鮮蝦，炒至變色取出。

3　放入切塊的番茄炒至變軟，雞蛋在碗裡打散，倒入時邊煎邊以筷子攪動。

4　放入〔步驟 2 〕的蝦仁繼續加熱。

5　調味料拌勻後，倒入內鍋稍微拌勻，關蓋煮熟即可。

Tips

若「再加熱」烹煮時間不夠，可延長時間煮熟。

溏心蛋的日文叫做「煮玉子」，只需將做好的半熟蛋泡在醬汁裡靜置入味，就能嘗到蛋白香Q彈牙、蛋黃濃稠滑潤的口感。堪稱五星級的蛋料理，使用微電鍋也能輕易完成。

 功能：健康蒸　　 時間：10 分鐘　　 份量：2 人份

Recipe
14

五星等級蛋料理

溏心蛋

食材
Ingredients

材料
| 雞蛋 5 顆
| 廚房紙巾 2 張
| 熱水 1/2 杯

醃料
| 柴魚醬油 60g
| 酒 1 小匙
| 冷開水 240g
| 味醂 1 大匙
| 麻油 1 小匙

步驟
Method

1 微電鍋內鍋鋪上廚紙紙巾，倒入熱水。

2 將雞蛋放在廚房紙巾上。

3 按下「健康蒸」開始烹調，當水開始沸騰後，再煮 6 分鐘後取出。

4 雞蛋立刻泡冰水冷卻 30 分鐘，取出剝除蛋殼。

5 將醃料材料全部放入保鮮盒，放入雞蛋醃漬一夜即可。

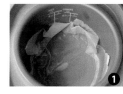

Tips

煮好的雞蛋立刻放入冰水浸泡，可避免蛋黃繼續熟成，也較容易剝蛋殼。

蒜味濃厚、吃來肥而不膩的蒜泥白肉，是上館子必點的人氣美食。品嘗時以筷子拌勻，隨著熱氣，醬油和蒜末融合出的香味直撲鼻端，讓人頓時食欲大開。

 功能：糙米飯　　 時間：70 分鐘　　 份量：3 人份

Recipe
15

香氣撲鼻引食欲
蒜泥白肉

食材
Ingredients

材料
五花肉 400g
米酒 1 大匙
薑 3 片
水適量
生菜適量

大蒜醬
蒜末 1 大匙
醬油 2 大匙
砂糖 1/2 小匙
麻油少許

步驟
Method

1　五花肉洗淨放入微電鍋內鍋。
2　加米酒、薑片，倒入蓋過五花肉的水。
3　按下「糙米飯」開始烹調，完成後取出五花肉切片，鋪在生菜上。
4　將大蒜醬混合調勻，淋在肉片上即可。

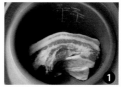

Tips

若覺得五花肉太油膩，建議可改選用豬梅花肉。

菇蕈是價格便宜又營養的好食材，烹調時搭配奶油和醬油調味，能讓菇蕈的鮮甜味更加鮮明，且富含蛋白質和膳食纖維，吃起來不僅有飽足感，而且健康低熱量！

 功能：再加熱　　 時間：20 分鐘　　 份量：2 人份

Recipe
16 / 飽足健康低熱量
奶油鮮菇燒

食材
Ingredients

材料
> 杏鮑菇 150g
> 鴻禧菇 1 包
> 奶油 1 大匙
> 蒜末 1 大匙
> 蔥末 2 大匙
> 辣椒末 1 小匙

調味料
> 鰹魚醬油 1 大匙
> 砂糖 1 小匙
> 鹽 1/4 小匙
> 胡椒粉少許

步驟
Method

1. 微電鍋按下「再加熱」，內鍋放奶油、蔥、蒜、辣椒末，炒香後取出備用。
2. 杏鮑菇切片，鴻禧菇切除根部、剝成一朵朵，放入內鍋。
3. 5 分鐘後加調味料拌炒一下至變軟。
4. 倒入〔步驟1〕炒好的辛香料，拌勻即可。

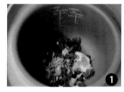

Tips

若不喜歡奶油味道，可改加橄欖油，依舊非常美味。

Part

04

去義大利吧，品味義大利美味的同時，
與義大利男人來場浪漫的邂逅。
———— 電影《享受吧！一個人的旅行》

異國風味

天氣炎熱時，總會想吃些涼拌菜色。利用微電鍋也能汆燙海鮮料，以泰式風味醬汁調味，滋味酸甜帶辣，口感格外清爽，很適合當成夏日開胃料理，讓食欲大開！

 功能：快速煮　　 時間：20 分鐘　　 份量：2 人份

Recipe
01 ／ 酸甜帶辣開胃菜
泰式涼拌海鮮

食材
Ingredients

材料
透抽 2 隻
鮮蝦 10 隻
青花菜適量
紫色洋蔥絲適量

調味料
辣椒末 1 小匙
蒜末 2 大匙
香菜末適量
醬油 1 大匙
魚露 1 大匙
砂糖 2 小匙
檸檬汁 1/2 顆

步驟
Method

1　將透抽去除內臟洗淨切塊,鮮蝦去殼、去腸泥,青花菜切小塊。

2　內鍋倒水至 1/3 處,微電鍋按下「快速煮」煮至沸騰,放入海鮮、青花菜。

3　打開上蓋,水滾 3 分鐘後按下「取消」,以濾勺盛出海鮮,瀝除水分盛盤。

4　將調味料混合均勻,淋在海鮮上即可食用。

Tips

海鮮料也可換成火鍋肉片,淋上泰式醬料同樣美味。

冷颼颼的冬天最適合品嘗暖呼呼的火鍋。韓式風味的泡菜豆腐鍋是很適合新手烹調的入門菜，以大量蔬菜搭配蛋白質，湯頭喝來微辣爽口，也很適合當成減醣料理。

功能：再加熱 + 什錦飯　　時間：50 分鐘　　份量：2 人份

02

微辣爽口味蕾開

韓式泡菜豆腐鍋

食材
Ingredients

材料
| 豬肉片 200g
| 沙拉油 1 大匙
| 白菜 100g
| 洋蔥 1/2 顆
| 蒜末 1 大匙
| 菇類 1/2 把
| 泡菜 1 杯
| 水 3 杯
| 豆腐 1 盒

調味料
| 韓式辣醬 1 大匙
| 韓式辣粉 1 大匙
| 高湯塊 1 塊
| 鹽 1/4 小匙

步驟
Method

1 微電鍋按下「再加熱」,內鍋倒入沙拉油,放入切粗絲的洋蔥與蒜末炒香。

2 加入泡菜與調味料,混合均勻。

3 放入切塊的豆腐,鋪上肉片。

4 白菜切大片鋪在表面,倒水。

5 按下「什錦飯」開始烹調,完成前 5 分鐘放入菇類,煮至時間完成即可。

Tips

可加入粉絲或雞蛋,
就是能吃得飽足的熱
騰騰小火鍋了。

打拋肉絕對是最下飯的菜肴之一！只要把握 3 個原則：辣椒與蒜頭都切得很碎、加九層塔、以魚露調味，就能端出令人口水直流的打拋肉。

 功能：再加熱 + 快速煮　　 時間：25 分鐘　　 份量：2 人份

Recipe

03

口水直流味飄香

泰式打拋豬肉

食材

Ingredients

步驟

Method

材料

- 豬絞肉 200g
- 沙拉油 1 大匙
- 番茄 1/2 顆
- 蒜末 2 大匙
- 辣椒末 1 小匙
- 九層塔 1 把

調味料

- 醬油 1.5 大匙
- 魚露 1.5 大匙
- 砂糖 1 小匙
- 檸檬汁 1 大匙

1　微電鍋按下「再加熱」，內鍋倒沙拉油，放入蒜末、辣椒末炒香。

2　放入切丁的番茄與絞肉。

3　加調味料攪拌均勻。

4　按下「快速煮」開始烹調，完成前 1 分鐘放入九層塔即可。

Tips

打拋肉搭配白飯品嚐，若再加一顆半熟荷包蛋會更加美味！

「一鍋到底」是相當方便的懶人烹調法，只要依序放入所有食材即可輕鬆完成。Q彈筆管麵吸附酸甜番茄醬汁，天然蔬果微酸完美融合肉醬，讓這盤麵吃起來有滋有味，令人欲罷不能。

 功能：什錦飯　　 時間：45分鐘　　 份量：2人份

Recipe
04
一鍋到底超方便
義大利肉醬麵

食材
Ingredients

材料

豬絞肉 100g

筆管麵 80g

洋蔥 1/2 顆

紅蘿蔔 1 小塊

紅番茄 1 顆

橄欖油 1 大匙

蒜末 1 大匙

調味料

水 1 又 1/3 杯

酒 1 大匙

鹽 1/4 小匙

番茄醬 4 大匙

砂糖 1/2 小匙

胡椒粉少許

步驟
Method

1　洋蔥、紅蘿蔔切碎，鋪在內鍋裡。

2　再鋪上筆管麵。

3　放絞肉、蒜末，淋橄欖油。

4　切除番茄蒂頭，切面朝下入鍋，並倒入調味料，微電鍋按下「什錦飯」開始烹調。

5　完成後將筆管麵與番茄攪拌均勻即可。

Tips

一定要先以洋蔥鋪底，再放筆管麵才能避免麵條黏鍋。

和天婦羅一樣是和食代表的「壽喜燒」，對日本人來說可是道佳肴，一定要來嘗嘗看甜甜的滋味和 juicy 的牛肉唷！

Recipe

05

鹹香甘甜味經典

日式壽喜燒

食材
Ingredients

材料

牛五花片 250g

洋蔥絲 3/2 顆

蒟蒻 1 小塊

板豆腐 1/2 塊

白菜 150g

紅蘿蔔 5 片

奶油 1 大匙

蒜末 1 大匙

調味料

醬油 4 大匙

味醂 2 大匙

砂糖 1 大匙

高湯 3 大匙

米酒 2 大匙

步驟
Method

1　板豆腐切小塊放平底鍋煎至金黃微焦。

2　微電鍋按下「再加熱」，內鍋倒奶油，放入蒜末、洋蔥絲炒軟。

3　加入牛五花片。

4　再依序放紅蘿蔔片、剝成小塊的蒟蒻，再鋪上煎好的板豆腐。

5　最最後鋪白菜，倒入調味料，按下「快速煮」開始烹調，完成後裝盤食用。

Tips

可將全蛋打勻當成壽喜燒沾醬，宜選用品質較好的洗選蛋。

料理加入花生醬！乍聽之下似乎很突兀，但其實
花生醬的濃稠特質，加入菜裡燉煮，能讓醬汁色
澤漂亮、氣味更加濃郁，滋味無敵下飯超加分，
吃過一次就絕對忘不了。

 功能：再加熱 + 鍋巴飯 + 時長　　 時間：30 分鐘　　 份量：3 人份

Recipe
06

香醇濃郁色澤美

西班牙花生醬燉雞

食材
Ingredients

材料
無骨雞腿肉 3 片
洋蔥 1 顆
番茄 1 顆
蒜頭 2 瓣
紅辣椒 1/3 根
番茄糊 1/2 杯
德式香腸 1 條

調味料
花生醬（無糖）2 大匙
鹽 1/2 小匙
砂糖 2 小匙
胡椒粉 1/4 小匙
酒 1 大匙

準備
洋蔥切塊
番茄切小塊
蒜頭切末
每塊雞腿肉直切成 4 條
德式香腸斜切

步驟
Method

1　微電鍋按下「再加熱」，蒜末、辣椒放入內鍋
　　爆香，加洋蔥塊炒軟。

2　放入番茄塊炒香。

3　放入雞腿肉與德式香腸。

4　加番茄糊和調味料，按下「鍋巴飯」＋「時長」
　　設定 5 分鐘開始烹調，完成後即可食用。

Tips

若選用含糖的花生
醬，可減少食譜的砂
糖份量，以免吃起來
味道太甜。

鄉村燉菜是色彩繽紛的法式農村家常菜，以電鍋燉
煮，不需顧爐火，對於平常吃了太多肉食的現代人
來説，融合了多種蔬菜甜味的燉菜，實在是營養又
健康的料理。

 功能：再加熱 + 什錦飯　　 時間：60 分鐘　　份量：2 人份

Recipe

07

甘甜爽口更健康

法式鄉村燉菜

食材

Ingredients

材料

| 帶骨雞腿 3 支
| 紅蘿蔔 1 小塊
| 芹菜 5 根
| 蒜末 1 大匙
| 番茄 1 顆
| 洋蔥 2/3 顆
| 月桂葉 2 片
| 水 2 杯

調味料

| 鹽 1/2 小匙
| 胡椒粉 1/4 小匙
| 紅椒粉 1 小匙

步驟

Method

1　微電鍋按下「再加熱」，內鍋放入雞腿，煎至兩面金黃色後取出。

2　洋蔥切塊，與蒜末放入內鍋炒香。

3　番茄、紅蘿蔔切塊，芹菜切段，都放進內鍋。

4　放入雞腿、月桂葉，倒水與調味料，按下「什錦飯」開始烹調，完畢即可食用。

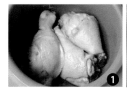

Tips

烹調時亦可加百里香或其他香草，可增添迷人香氣。

紅酒燉牛肉堪稱是最方便又美味的常備菜，一次煮一大鍋，即便冷藏或冷凍過，再加熱後，整體風味依舊香醇可口，不管是搭配義麵、薯泥，甚至白飯都十分好吃。

 功能：再加熱 + 鍋巴飯　　 時間：80 分鐘　　 份量：4 人份

Recipe
08

省時省力又美味

法式紅酒燉牛肉

食材

Ingredients

材料

| 牛肋條 600g
| 蒜末 1 匙
| 洋蔥 1/2 顆（切絲）
| 番茄 1 顆（切塊）
| 紅蘿蔔 1 小塊（切塊）
| 蘑菇 8 朵（對切）
| 番茄糊 1 杯
| 紅酒 1 杯
| 麵粉 1 大匙

調味料

| 鹽 1 小匙
| 砂糖 1 小匙
| 胡椒粉 1/2 小匙
| 月桂葉 2 片
| 奧勒岡 3 支

步驟

Method

1　牛肋條洗淨擦乾切小塊，沾裹麵粉攪拌均勻。

2　微電鍋按下「再加熱」，內鍋放蒜末爆香，放洋蔥絲炒軟。

3　加入番茄塊、紅蘿蔔塊炒香後，取出備用。

4　放入牛肋條拌炒至顏色變白，再倒入〔步驟3〕。

5　加番茄糊、紅酒和調味料，按下「鍋巴飯」開始烹調。

6　完成前 15 分鐘放入蘑菇，完畢即可食用。

Tips

牛肋條裹麵粉煎炒，除了能鎖住水分，還可讓湯汁變得濃稠。

胃口不好時，很適合來碗充滿胡椒香的肉骨茶，用來泡飯更是美味。利用微電鍋即可輕鬆燉出適合全家大小的滋補好湯，材料簡單、步驟容易，是零廚藝也能成功的好味道。

 功能：什錦飯　　 時間：50 分鐘　　份量：2 人份

Recipe
09 / 零失敗滋補好湯
肉骨茶

食材
Ingredients

材料

豬排骨塊 600g
蒜頭 4 瓣
水 4 杯
肉骨茶包 16g
米酒 1 大匙

步驟
Method

1 湯鍋加水煮沸騰，放入排骨汆燙 3 分鐘後取出備用。
2 微電鍋內鍋放入汆燙過的排骨。
3 放入肉骨茶包，倒入水，按下「什錦飯」開始烹調。
4 倒數 15 分鐘前放入蒜頭，完成後即可食用。

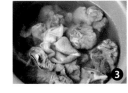

Tips

蒜頭不需剝除外皮，
煮好後才不會整鍋都
是軟爛散開的蒜碎。

乾咖哩不同於傳統咖哩煮法，只需直接把食材依
序放入微電鍋，再放入咖哩粉調味，醬汁雖少，
但吃來又濃又香，風味十分下飯，若喜歡日式重
口味咖哩，千萬別錯過了。

 功能：再加熱 + 快速煮　　 時間：25 分鐘　　 份量：3 人份

Recipe
10

又濃又香易上手
日式乾咖哩

食材
Ingredients

材料

豬絞肉 300g
洋蔥 2/3 顆
紅蘿蔔 30g
奶油 1 大匙
蒜末 1 大匙

調味料

醬油 2 大匙
酒 1 大匙
番茄醬 4 大匙
砂糖 1 小匙
咖哩粉 3 大匙

步驟
Method

1 微電鍋按下「再加熱」，內鍋放入奶油、蒜末爆香 5 分鐘。

2 洋蔥、紅蘿蔔切細末放進內鍋。

3 倒入豬絞肉，鋪平。

4 加調味料，按下「快速煮」開始加熱。

5 完成後攪拌混合均勻，淋在白飯上即可食用。

可搭配半熟荷包蛋，讓蛋液流在白飯上，是日式乾咖哩的最佳吃法。

以韓式辣椒醬調味的雞翅，做法相當簡單，是好友聚會開派對時的超人氣料理。烤好的韓國烤雞翅滋味甜中帶辣，肉質鮮美，吃來吮指回味，能讓氣氛更歡樂。

 功能：再加熱 + 什錦飯　　 時間：45 分鐘　　 份量：3 人份

Recipe

11

超人氣派對小食

韓國辣雞翅

食材
Ingredients

材料

- 雞翅 600g
- 蒜末 1 大匙
- 薑 3 片
- 麻油 1 小匙

調味料

- 韓國辣椒醬 3 大匙
- 醬油 1 大匙
- 蜂蜜 1 大匙
- 米酒 1 大匙
- 胡椒粉 1/4 小匙

步驟
Method

1 微電鍋按下「再加熱」,內鍋倒入麻油,放入薑片及蒜末炒香。

2 放入雞翅稍微煎一下,煎至顏色變白。

3 倒入調味料,按下「什錦飯」開始烹調即可。

Tips

中途可掀蓋稍加翻動,能讓雞翅上色、熟度更均勻。

Part

05

毫無顧慮地享受美食這種孤高行為，
才是平等地賦予現代人的，最大程度的治癒。
———日劇《孤獨的美食家》

傳統小吃

台式風味炒麵是夜市小吃、熱炒海產店常見的主食，配料雖簡單，但油麵結合肉片、高麗菜和紅蘿蔔等，融合出的風味卻相當有親切感，總是能讓人胃口大開，百吃不膩。

 功能：再加熱 + 快速煮　　 時間：25 分鐘　　 份量：2 人份

Recipe
01

百吃不厭好風味
台式炒麵

食材
Ingredients

材料
| 油麵 300g
| 豬肉絲 180g
| 紅蘿蔔絲 30g
| 高麗菜絲 120g
| 酒 1 小匙
| 蒜末 2 瓣
| 蔥段 1 支
| 沙拉油 1 大匙

調味料
| 醬油 2 大匙
| 鹽 1/2 小匙
| 砂糖 1 小匙
| 黑醋 1 小匙
| 胡椒粉 1/4 小匙
| 水 1 又 1/3 杯

步驟
Method

1 微電鍋按下「再加熱」，內鍋加沙拉油，放蒜末、蔥段炒香。
2 放入豬肉絲，淋酒炒熟。
3 再放入高麗菜絲與紅蘿蔔絲，倒入混合均勻的調味料拌勻。
4 微電鍋按下「快速煮」烹煮，10 分鐘後放入油麵，時間結束後拌勻即可。

Tips

炒油麵除了放肉絲，也可依個人喜好隨意變化添加蛤蜊、鮮蝦或透抽等海鮮料。

台灣每個菜市場幾乎都能吃到米粉湯，與豬肉、內臟和油豆腐等同煮的米粉，吸收了高湯精華，軟滑可口，搭配黑白切更是對味，不管是吃巧還是吃飽，都讓人心滿意足。

 功能：什錦飯 + 健康蒸　　 時間：70 分鐘　　 份量：2 人份

Recipe
02

搭黑白切最對味
台式米粉湯

食材
Ingredients

材料
粗米粉 50g
五花肉 200g
方形油豆腐 1 塊
青蔥 1 支
薑 3 片
米酒 1 大匙
水適量
香菜少許

調味料
鹽 1/2 小匙
胡椒粉 1/4 小匙

步驟
Method

1 微電鍋放入五花肉、蔥、薑與米酒,倒水至內鍋 2/3 高,按下「什錦飯」烹煮。

2 完成後先取出五花肉切片,並撈除湯汁的雜質浮物。

3 放油豆腐與粗米粉,加調味料,按下「健康蒸」開始烹煮。

4 取出油豆腐切塊,與五花肉片盛盤,搭配米粉湯品嘗。

Tips

若想讓粗米粉吃起來較軟,可先以熱水浸泡再煮。

香菇肉羹是街頭巷尾常見的小吃，羹湯充滿著濃濃香菇氣味，肉羹Ｑ彈可口，甚至搭配麵條或白飯，也都非常美味。自己煮肉羹湯一點也不難，真材實料更能吃出鮮味。

 功能：再加熱 + 健康蒸　　 時間：30 分鐘　　 份量：3 人份

Recipe
03

真材實料好滿足
香菇肉羹

食材
Ingredients

步驟
Method

材料
 肉羹 200g
 紅蘿蔔 20g
 金針菇 50g
 香菇 50g
 沙拉油 1 小匙

調味料 A
 鹽 1 小匙
 砂糖 1 小匙
 醬油 1 小匙
 鰹魚粉 1 小匙
 水 3 又 1/2 杯

調味料 B
 太白粉水 1 大匙
 黑醋 1 小匙
 胡椒粉少許

1 將香菇、紅蘿蔔切成細絲,金針菇去根切對半。
2 微電鍋按下「再加熱」,內鍋放沙拉油、紅蘿蔔絲、香菇絲炒香。
3 加入金針菇與肉羹,放調味料 A,按下「健康蒸」開始烹煮。
4 起鍋前以太白粉水勾芡,再淋上黑醋與胡椒粉即可。

Tips

太白粉水是將太白粉加水,以粉 1:水 2 的比例混合均勻。

蒸煮算是最簡單不失敗的烹調方式，只要將食材放進容器，加上調味料，就能端出好菜。記得將調味料均勻蓋住臭豆腐，炊蒸後才易入味，吃起來會更好吃。

 功能：再加熱＋健康蒸　　 時間：40 分鐘　　 份量：2 人份

Recipe
04 / 氣味飄香傳千里

清蒸臭豆腐

食材
Ingredients

材料
| 生臭豆腐 3 塊
| 豬絞肉 60g
| 乾香菇 2 朵
| 紅辣椒 1/2 支
| 蒜頭 2 瓣
| 薑 2 片
| 沙拉油 1 大匙

調味料
| 高湯 1 杯
| 醬油 1 大匙
| 砂糖 1 小匙
| 鹽 1/2 小匙

步驟
Method

1　乾香菇加水泡軟後瀝乾,切成小丁;紅辣椒、蒜頭、薑都切成細末。

2　微電鍋按下「再加熱」,內鍋放沙拉油、紅辣椒末、蒜末與薑末炒香。

3　放入豬絞肉、香菇丁炒至半熟,加調味料炒勻。

4　容器裡放生臭豆腐,淋上〔步驟 3〕。

5　內鍋加水 2 杯(份量外),底部放小碟子,放入裝臭豆腐的容器,按下「健康蒸」即可。

Tips

可依照個人喜好酌量添加辣椒。

肚子餓的時候，吃上一碗甜不辣，匯聚了各種魚漿製品、蘿蔔、油豆腐等，沾著鹹中帶甜的醬汁入口，吃完再舀上一勺高湯，喝來舒爽滿足，完美的搭配總是讓人回味無窮。

 功能：什錦飯　　 時間：45 分鐘　　 份量：3 人份

Recipe
05 / 傳統美食吃不膩
甜不辣

食材
Ingredients

步驟
Method

材料
　甜不辣半斤
　竹輪 1 條
　白蘿蔔 1/3 根
　三角油豆腐 4 塊
　豬血糕半塊

調味料
　鹽 1/2 小匙
　鰹魚或昆布粉 1 小匙
　水適量

醬汁
　海山醬 1 大匙
　醬油膏 1 大匙
　砂糖 1 大匙
　在來米粉 1 小匙
　水 1/2 杯

1　在來米粉加水拌勻，加海山醬、醬油膏與砂糖混合加熱即為甜不辣醬汁。

2　白蘿蔔去皮，竹輪、豬血糕切成小塊。

3　微電鍋放入白蘿蔔、豬血糕，倒水至內鍋 1/2 高，按下「什錦飯」開始烹煮。

4　過 30 分鐘後，放入甜不辣、竹輪、油豆腐與調味料，繼續烹煮。

5　完成後盛盤，淋上甜不辣醬汁即可食用。

Tips

吃完甜不辣，高湯可加麵條或煮粥都非常對味。

蚵仔煎可算是夜市小吃冠軍，想利用微電鍋烹調也沒問題，做出來的口味會比較柔軟，淋上自製醬料，就能吃到融合鮮蚵與蛋香的韻味，在家也能輕易享受道地小吃。

 功能：再加熱　　 時間：25 分鐘　　 份量：1 人份

Recipe
06

夜市小吃輕鬆做
蚵仔煎

食材
Ingredients

材料
| 鮮蚵 100g
| 雞蛋 1 顆
| A 菜 1 小把
| 沙拉油 1 大匙

粉漿材料
| 地瓜粉 20g
| 太白粉 15g
| 水 90ml
| 鹽 1/4 小匙

醬汁
| 海山醬 2 大匙
| 番茄醬 1 大匙
| 砂糖 1/2 大匙
| 水 40g
| 沙拉油 1 小匙

步驟
Method

1 鮮蚵沖洗乾淨後瀝乾水分，A 菜洗淨後 ，切段備用。

2 微電鍋按下「再加熱」，內鍋放沙拉油，變熱後放鮮蚵煎至半熟。

3 將粉漿材料拌勻後 ，倒入內鍋，煮至變成透明為止。

4 倒入打散的雞蛋，鋪上 A 菜，關上蓋煮熟，取出盛盤。

5 將沾醬汁混勻，加熱至變稠狀，淋在蚵仔煎上即可食用。

Tips

鮮蚵洗淨後，以廚房紙巾擦乾水分再烹調，蚵仔煎才不會粉粉的。

蘿蔔糕俗稱菜頭粿，有好采頭之意，台灣人常當成早餐或點心食用。自己做蘿蔔糕並不難，只要將材料炒香，放入微電鍋就可做出外酥內嫩、每一口都吃得到清甜蘿蔔絲的蘿蔔糕。

 功能：糙米飯　　 時間：90 分鐘　　 份量：2 人份

Recipe
07 / 外酥內嫩好采頭
蘿蔔糕

食材
Ingredients

材料
白蘿蔔（去皮）200g
豬絞肉 50g
沙拉油 2 大匙
乾香菇 2 朵
紅蔥頭 3 瓣
蝦米 1 大匙
水 150ml（A）
水 600ml（B）
沙拉油 1 大匙

粉漿材料
在來米粉 100g
太白粉 1 小匙
水 150ml

調味料
胡椒粉 1/4 小匙
鹽 1/2 小匙

步驟
Method

1　白蘿蔔去皮刨成絲，乾香菇泡水後切細絲，紅蔥頭、蝦米切末備用。

2　平底鍋加沙拉油，放紅蔥頭、香菇絲、蝦米炒香，再放豬絞肉炒熟。

3　放入蘿蔔絲拌炒後，倒水（A）炒到半熟。

4　將粉漿材料混合均勻，入鍋炒至變成膏狀後關火備用。

5　內鍋放小碟子加水（B）。

6　容器鋪耐熱保鮮膜或烘焙紙，倒入炒好的粉漿壓平，表面抹少許油封起，放入微電鍋，按下「糙米飯」，完成後放涼切片。

Tips

容器建議選用圓形鐵便當盒，可剛好放入微電鍋。

Part

06

一旦你咬穿酥脆的表皮，嘗到柔軟的麵糰、
溫暖又鹹鹹的奶油，你將永遠沉溺在這美味中。
_____英國電影《吐司：敬！美味人生》

經典甜品

吸飽蛋汁後，再煎得金黃香酥的法式吐司，是不少人喜愛的美味，不論是淋上蜂蜜、搭配水果當成甜點或是早午餐，甚至做成鹹食，又香又綿密的口感，絕對令人讚不絕口。

 功能：再加熱　　 時間：20 分鐘　　 份量：2 人份

Recipe

01

金黃香酥內綿密

法式吐司

Ingredients

材料

| 厚片吐司 2 片
| 雞蛋 1 顆
| 砂糖 1 小匙
| 牛奶 3 大匙
| 奶油 1 大匙
| 糖粉或蜂蜜適量

步驟

Method

1　容器內放雞蛋、牛奶和砂糖，混勻成蛋奶汁。

2　吐司去邊切對半，放入蛋奶汁浸泡，兩面都要
　　裹均勻。

3　微電鍋內鍋放入奶油，按下「再加熱」至融化。

4　放入吐司蓋上鍋蓋，煎至兩面微焦金黃，灑糖
　　粉即可。

Tips

吐司麵包宜選擇厚片，
吸飽蛋奶汁後，吃起來
口感會更棒。

不需要壓力鍋、也不用浸泡、更不用炒豆子，只要先將水煮沸，將熱水與紅豆一起放入微電鍋，使用「煲湯」行程煮 2 小時，煮好再加糖，就能擁有一鍋鬆軟又香甜的紅豆湯囉！

 功能：煲湯　　 時間：120 分鐘　　 份量：4 人份

Recipe
02

香甜綿密味溫潤
懶人紅豆湯

食材
Ingredients

步驟
Method

材料

| 紅豆 1 杯
| 沸水 6 杯
| 貳砂糖 2/3 杯

1　先將紅豆洗乾淨,瀝乾水分。

2　微電鍋內鍋倒入紅豆與沸水。

3　按下「煲湯」行程開始烹煮。

4　完成後加入貳砂糖,再保溫 10 分鐘即可食用。

Tips

紅豆若事先浸泡一夜,可改設定為「糙米粥」烹煮,可以節省烹煮時間。

多吃優格可以維護身體健康，其實不需購買專用優格機，只要利用微電鍋就做得到。夏天品嘗優格時，可以加一些果泥和水果丁，即使不加糖，優格也能變得很好吃唷！

 功能：優格　　 時間：6 小時　　 份量：3 人份

Recipe
03

體內環保益健康
原味自製優格

食材
Ingredients

材料
鮮奶 450g
原味優格 1 大匙
冷水 1 杯

步驟
Method

1　玻璃瓶放沸水煮滾 5 分鐘消毒，取出倒放風乾水分。
2　鮮奶加優格攪拌均勻，倒入玻璃瓶。
3　微電鍋內鍋倒入溫水，放入玻璃瓶。
4　按下「優格」開始烹煮，完成後取出放涼，放冰箱冷藏保存。

Tips

製作完出現的水分是乳清，可食用，而且也很營養喔！

黃色果肉的奇異果酸味較淺,風味清新香甜,很
適合做成果醬。做好的果醬滋味香甜,帶著順口
微酸,不管是抹在麵包上,或是調製成飲品,都
有著迷人的風味。

 功能:再加熱 + 時長　　 時間:40 分鐘　　 份量:2 人份

Recipe
04

酸甜好吃係金 A

金黃果醬

食材
Ingredients

材料
> 黃金奇異果 400g
> 砂糖 100g
> 檸檬 1/2 顆
> 玻璃瓶 1 個（600ml）

步驟
Method

1 玻璃瓶放沸水煮滾 5 分鐘消毒，取出倒放風乾水分。
2 奇異果去皮切細丁，檸檬擠汁。
3 微電鍋內鍋放入奇異果與砂糖拌勻，按下「再加熱」+「時長」設定 10 分鐘烹煮。
4 完成前 5 分鐘倒入檸檬汁，稍微攪拌一下。
5 時間完畢將果醬倒進玻璃瓶，蓋上瓶蓋後倒放，放涼後放冰箱冷藏保存。

Tips

過程中可打開上蓋 1 至 2 次，因為果醬糖分較多可防止內鍋沾黏。

121

黑糖糕是澎湖名產，吃過的人總是念念難忘，只要食譜比例對了也能輕易完成。利用微電鍋「蒸」的功能，聰明的算入預熱時間，接著便能自動進入蒸煮程序，做出來的黑糖糕蓬鬆軟 Q 又細緻。

 功能：健康蒸 + 時長　　 時間：40 分鐘　　 份量：2 人份

Recipe
05 / 蓬鬆軟 Q 會涮嘴
黑糖糕

食材
Ingredients

材料
黑糖 100g
沸水 170g
低筋麵粉 110g
樹薯粉 50g
泡打粉 7g
沙拉油 10g
水 2 杯

步驟
Method

1　黑糖加沸水攪拌到無顆粒成黑糖水。
2　混合麵粉、泡打粉與樹薯粉,加入油和黑糖水攪勻。
3　容器裡放耐熱保鮮膜鋪平,倒入黑糖麵糊。
4　微電鍋內鍋加水,底部放淺碟,放入容器。
5　按下「健康蒸」+「時長」設定 10 分鐘行程,完成後放涼即可。

Tips

蒸好後,可趁熱在表面撒上熟芝麻粉。

123

以微電鍋煮芋頭甜點，最棒的就是不需顧火、不必擔心燒焦。微電鍋的「煮粥」行程火力溫和，水分不易散失，能讓芋頭呈現綿密不鬆散的口感，且甜味能蜜到最深處，搭配任何甜點都適合。

 功能：煮粥　 時間：120 分鐘　 份量：4 人份

Recipe

06

鬆軟甜蜜入心坎

蜜芋頭

Ingredients

材料

芋頭（去皮）500g
貳砂糖 80g
白砂糖 140g
熱水適量

步驟
Method

1 芋頭去皮切成塊，放進內鍋。
2 加入貳砂糖和白砂糖。
3 倒入熱水，稍微淹過芋頭即可。
4 按下「煮粥」行程，完成後即可食用。

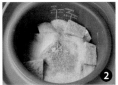

Tips

可加 1/2 小匙米酒，
帶著些許酒香，風
味會更佳。

質地滑嫩帶 Q 的雞蛋布丁，吃來充滿奶香與蛋香，
搭配焦糖醬更是誘人。在家就可用電鍋做布丁，食
譜很簡單，只要準備雞蛋、牛奶、糖，便能輕鬆做
出滑嫩的雞蛋布丁，大人小孩都喜歡。

 功能：健康蒸 + 時長　　 時間：40 分鐘　　 份量：2 人份

Recipe
07
口感滑嫩人人愛

雞蛋牛奶布丁

食材
Ingredients

材料

雞蛋（全蛋）1 顆
蛋黃 1 顆
砂糖 35g
牛奶 200g
耐熱容器 1 個
保鮮膜 1 張
水 1.5 杯

焦糖

砂糖 35g
水 20g

步驟
Method

1 平底鍋放砂糖、水，以小火熬煮成焦糖色，倒
　入耐熱容器。
2 碗裡放入雞蛋、蛋黃與砂糖攪勻，再倒牛奶拌
　勻成蛋奶液。
3 將蛋奶液過篩，倒入耐熱容器，以保鮮膜封緊。
4 微電鍋內鍋加水，底部放淺碟，放入裝蛋奶液
　的容器。
5 按下「健康蒸」+「時長」設定 10 分鐘烹煮，
　完成後放涼，倒扣在盤子上即可。

Tips

若沒有耐熱保鮮膜，
也可使用鋁箔紙封
口，能防止氣泡變多
影響口感。

愛上微電鍋100天美味提案
只要輕鬆一按，搞定零失敗50道料理

攝影・文／肉桂打噴嚏
美術編輯／Arale、招財貓
執行編輯／李寶怡
文字編輯／沈毅軒
企畫選書人／賈俊國

總編輯／賈俊國
副總編輯／蘇士尹
編輯／高懿萩
行銷企畫／張莉滎、廖可筠、蕭羽猜

發行人／何飛鵬
法律顧問／元禾法律事務所王子文律師
出版／布克文化出版事業部
台北市中山區民生東路二段 141 號 8 樓
電話：02-2500-7008
傳真：02-2502-7676
Email：sbooker.service@cite.com.tw

發行／英屬蓋曼群島商家庭傳媒股份有限公司城邦分公司
台北市中山區民生東路二段 141 號 2 樓
書虫客服服務專線：02-25007718；25007719
24 小時傳真專線：02-25001990；25001991
劃撥帳號：19863813；**戶名**：書虫股份有限公司
讀者服務信箱：service@readingclub.com.tw

香港發行所／城邦（香港）出版集團有限公司
香港灣仔駱克道 193 號東超商業中心 1 樓
電話：852-2508-6231　**傳真**：852-2578-9337
Email：hkcite@biznetvigator.com
馬新發行所／城邦（馬新）出版集團 Cité (M) Sdn. Bhd.
41 Jalan Radin Anum, Bandar Baru Seri Petaling, 57000 Kuala Lumpur, Malaysia.
電話：+603- 9057 -8822
傳真：+603- 9057 -6622
Email：cite@cite.com.my
印刷／韋懋實業有限公司
初版／2019 年（民 108）11 月
售價／新台幣 380 元
ISBN ／ 978-986-5405-22-9

城邦讀書花園　布克文化　PHILIPS
www.cite.com.tw　www.sbooker.com.tw　飛利浦智慧萬用鍋